¡METALERO!

Estimado Lector,

Para mayor comodidad, este libro se refiere a personas de reparación de automóvil. La información se presenta a Hombres y Mujeres por igual. No hay ningún trabajo en la industria de reparación de auto que no se pueda hacer por alguien que es físicamente capaz y tiene la formación y el deseo de seguir correctamente los procedimientos.

¡METALERO!

Ampliar sus conocimientos y utilizar su interés en los vehículos para entrar en una de las más excitantes y rentables industrias de servicio.

Olvídese de los puestos de trabajo aburridos. Unete a la industria de autobody y ayudaras a resolver problemas nuevos y diferentes cada día.

DEDICACION

Este libro está dedicado a todos los trabajadores
hombres y mujeres de la industria autobody.

AGRADECIMIENTOS

A Mi esposa, cuya paciencia y cariño, es como un regalo de Dios.

A mis "Maestros", los bodymen de mi pasado, quienes tomaron el tiempo para enseñarme los métodos correctos de trabajo.

TABLA DE CONTENIDO

"Hacer un trabajo de calidad y

el mundo llegará a tu puerta."

Desconocido

ADVERTENCIA

Las situaciones y procedimientos de este libro son presentados intencionalmente para información básica solamente.

El Autor no asume ninguna responsabilidad de cualquier lesión o daños resultantes de la utilización correcta o incorrecta de la información contenida en este libro.

Consulte los manuales de los manufactureros del equipo y las herramientas de la manera segura de utilizar.

TERMINOLOGÍA

Estes son ejemplos de terminología que se encuentran en los talleres:

Buenos Dias…….Good Morning

Buenos Tardes….Good Afternoon

Buenos Noches…..Good Night

¿Cómo está?…………..How are You?

¿Tiene Usted trabajo?…….Do you have work?

¿Puedo ayudarte?...Can I help you?

Necesito más tiempo….I need more time.

Por favor…………………...please

¿Tenemos partes aquí?…..Do we have the parts here?

¿Cuando vas a pintarlo?...When are you going to paint it?

Cofre………………………………………….……Hood

Abrazaderas y cadenas……………..…Clamps and Chains

Marco de Chasis……………………………Frame Rack

Guardafangos o Defensa…………………………...Fender

Parachoques (delantero o trasero)………………..Bumpers

Cobertor de parachoques…………………..Bumper cover

Refuerzo de parachoques……..…Bumper Reinforcement

Cajuela o Compuerta Trasera…………………….…Trunk

Soporte de Radiador……………….Radiator Core Support

Railes Inferiores……………………….Lower Frame Rails

Panel de Vela……………………………….…Sail Panel

Carrocería o Techo……………………….…….Roof

Cuarto Panel………………………….Quarter Panel

Panel bajo de la Puerta………………….Rocker Panel

Unilaterales……………………………………..Uniside

¡METALERO!

ISBN-13 978-1532807947

ISBN-10   1532807945

Introducción

Bienvenido a ¡METALERO! Este es el libro para quienes desean entrar en el mundo de reparación de la colisión del automóvil. Aquí exploraremos cómo se mueve un vehículo dañado dentro de un taller de carrocería (bodyshop), y el papel de un bodyman es el éxito del proyecto de reparación.

Vamos a estudiar la estructura de un bodyshop que funciona bien, y cómo contribuye cada persona. Desde los empleados de limpieza y mantenimiento, y en la parte superior cuya responsabilidad es asegurarse de que todos los carros se mueven bien dentro del taller sin problemas y a tiempo.

Pero, lo más importante, tomamos una mirada a la educación de la fuerza de trabajo y cómo manejar situaciones de la vida real.

Descubrirás si tienes lo que se necesita para trabajar en un taller de autobody reparación. Este libro no hala golpes. Es una descripción honesta del funcionamiento de un taller de reparación moderna.

Usted puede haber notado últimamente, los programas de televisión que representan restauraciones y construcción personalizada.

Definitivamente se a observado un gran interés en esa rama de la industria autobody. El trabajo es menos estructurado que la reparación de la colisión, y los puestos de trabajo se presentan como una actividad de grupo, a menudo con muchas horas para cumplir plazos imposibles.

En ¡METALERO!, vamos a hablar sobre los talleres de reparación de colisión ya que presentan más oportunidades para las personas que quieren entrar en el negocio.

Las industrias de servicios de todo tipo requieren un flujo constante de candidatos aptos en el futuro previsible. El trabajo puede ser agradable y gratificante.

Capítulo Uno

En el Principio

Como probablemente has notado, las economías del mundo están cambiando rápidamente. Fabricación de bienes de consumo están en declive en todo el mundo, incluso en países que eran famosos por su productividad. Fuera de la producción de equipo industrial pesado, o temas altamente técnicos, la mayoría de las fábricas en Estados Unidos, por ejemplo, producen elementos consumibles tales como cosméticos y alimentos procesados. La mano de obra de fábrica es necesaria para producir esos bienes puede ser tediosa y poco interesante. Se necesita un tipo especial de personalidad para hacer frente a tareas repetitivas. Soñando despierto puede conducir a lesiones en el trabajo, debido a la implacable naturaleza de la maquinaria pesada que se utiliza para cosas como corte, sellado, empaquetado. Para personas que necesitan trabajar en una variedad de diferentes problemas durante el día, te sugiero un trabajo en una industria de servicios. Mi especialidad es la reparación en la colisión, y este libro es el resultado de más de 30 años en la industria.

Autobody reparación ha sido en la demanda desde el momento en que las carretas de nuestros antepasados conocieron el primer árbol roble. Reparaciones se llevaron a cabo a menudo por el herrero local, que probablemente era el único hombre en la ciudad que podría dar nueva forma al metal dañado. Mientras que zapatos de caballo y las ruedas del carro siguen siendo una gran parte de su negocio, las reparaciones de carros pronto exigirían una gran parte de su tiempo. No hay yardas de demolición para hablar de, cada carro era demasiado especial y demasiado caro para sentarse alrededor de rupturas.

La gente comenzó a ver el valor de la carreta, más de unos fueron producidos. Junto con la creciente popularidad del automóvil, vinieron reuniones no planificadas entre conductores, y el término "accidente" surgió el nuevo nombre de esta forma especializada de la catástrofe. Conducción a la derecha de la "vía del carro" comenzó a hacer sentido a todo el mundo. Conducción sensata era la única forma que la gente estuviera fuera de los hospitales. Equipas de seguridad moderno no fueron instalados en los vehículos hasta décadas más tarde. Carreteras seguras tomaron muchos años para desarrollar.

Si un árbol estaba en el camino, la respuesta fue fácil. Ir alrededor de él. Incluso los caballos tienen suficiente sentido para actuar cuando era necesario, pero para otros, velocidades bajas no requieren tiempo de reacción rápidas.

Rápidamente hacia adelante en un par de años un sedán que viajaba por el mismo sendero en 40 kilómetros por hora y esos mismos árboles surge de la nada el cuadro.

Imaginarse las discusiones entre los líderes políticos cuando un camino se tenía que ampliar y hacerse más derecho el camino se convirtió en una propuesta de vida o muerte. Y no estoy hablando del sistema interestatal de autopistas, que tomó décadas de trabajo y cientos de millones de dólares para la construcción.

Los herreros del siglo 20 temprano tenían las manos llenas. Ellos podrían construir una rueda nueva, soldadura de martillo o sustituir una pieza del motor, todas en el mismo taller. Sus diversas técnicas fueron admirables, y estaban entre los más respetados miembros de sus comunidades sobre el país.

Pero las complejidades de los automóviles pedirían una especialización.

Herrado de cabellos fue devuelta a los agricultores y ganaderos, porque los herreros locales estaban a punto de convertirse en los primeros autobody reparadores.

Y ¿por qué no? Fue una transición natural. La paga era mejor, y la demanda iba en aumento. El daño del accidente fue la diferencia de la que nadie había visto antes, debido a las altas velocidades. Por lo menos, las técnicas de reparación fueron similares a los utilizados en los carruajes tirados por caballos.

El espesor del metal se presenta a edad temprana, las técnicas del metal acabado que eran poco diferentes de algunos de los métodos que fueron utilizados en las líneas de montaje. Plomo fue utilizado como el material de relleno de elección. Plomo se funde a baja temperatura y los trabajadores de la línea de montaje se enseñan a trabajar con las herramientas y materiales. Como con cada otra habilidad, la información fue transmitida al siguiente hombre, según era necesario. Y esas mismas técnicas de reparación automotriz se usaron a través de los años 30s, 40s, 50s y al principio de los años 60s.

Talleres estaban llenos de trabajadores que ya no estaban contentos haciendo trabajos tediosos en la línea de montaje.

Viejos trabajadores se quedaron con los métodos que se les habían enseñado, y de vez en cuando, enseñaban acabamiento del metal a un chico más joven que mostró curiosidad.

Cuando se desarrolló un nuevo uso para el petróleo crudo, las cosas iban a cambiar rápidamente. El nuevo material fue la resina y cuando se combina con el catalizador, se forma un plástico duro. Este nuevo plástico pronto fue puesto en uso de los militares. La resina fue reforzada con fibras de vidrio y nació una nueva clase de barcos la patrulla de plástico. Un poco más tarde, General Motors utiliza el plástico reforzado fibra de vidrio, que ahora se llama fibra de vidrio, para fabricar Chevrolet Corvette, empezando en 1953. Pronto, su uso se extendió a otros sectores comerciales. Nadie sabía si el material se iba a deterior o convertirse muy frágil, por lo que todo se edificara. Barcos desde mediados de los años sesenta eran mucho más gruesos de lo que tenían que scr. Corvettes no bajan de peso hasta 1985, cuando se cambió la composición del cuerpo material. Resina podría ser espesada con micro esferas, o talco industrial, se abrió la puerta a lo que vendría a ser conocido como "taller de producción", in la década de las 60s.

Por último, un autobody relleno (Bondo) que era fácil de usar y cuando estaba correctamente cubierto, se resistía la infiltración de la humedad. Sin embargo, debido a la incertidumbre que enfrentaron con el relleno plástico cuando en comparación con las herramientas y los materiales que había estado usando durante años.

El cambio vino lentamente, pero en los años 80s, el panel de la vela (sail panel) conjunto entre el panel del techo y la parte superior del panel cuarto (quarter panel), fue arreglado con el uso de rellenos plásticos.

En segundo lugar, se utilizó plomo donde la parte delantera y trasera "filler panels" conectan a la parte superior de los defensas y "quarter panels". Todos los talleres se beneficiaron del uso del plástico en sus reparaciones de día en día. Por supuesto, algunos propietarios de carros clásicos, insistieron sobre el metal más acabado técnicas del pasado, para mantener la autenticidad del vehículo. Los bodyshops nunca pensaron que algún día podría dividirse en dos tipos, nunca entro en mente de ninguna persona, sólo sucedió. Aumento de la sofisticación necesaria diversificación. Accidentes grandes fueron manejados mejor por talleres que tenían una fuerza laboral más altamente capacitada.

Carros que sufrieron los efectos del clima o de carreteras saladas, fueron enviados a los talleres de producción. Los productos más baratos de la pintura y la manera eficiente en el que se aplicaron, reduce el costo para una persona que sólo buscaba conseguir algunos más años de uso del carro familiar. Los talleres de producción podrían manejar los daños menores, pero hubo limitaciones definidas. A menudo, se cambiaba el panel o marco era enviado a un taller de colisión para reparaciones que requieren soldadura o alineación de chasis. Entonces el carro fue devuelto a al taller de producción para un trabajo de pintura accesible. Carros caros raramente confiaban a estos talleres rápidas y sucias, ("quick and dirty"), excepto por los distribuidores de carros usados que sólo necesitan el esmalte barato para mantener durante el tiempo suficiente para hacer una venta. Esmaltes de bajo costo utilizan menos pigmento en la mezcla. La mayoría de talleres ofrecen esmalte acrílico como opción. Era mucho más durable y cuando se agregó un endurecedor, el final se pudo lijar con agua y pulirse. (wet sand and polish)

Algunas de los talleres ofrecen trabajos de pintura completa para menos de $30.

Con el fin de reducir el número de clientes insatisfechos y "do-overs", que se redujo la producción, los propietarios de estos talleres requieren que los clientes firmen renuncias múltiples. Algunos de ellos eran escandalosos y básicamente dijeron, que sí hay algún problema con el producto terminado, no era responsabilidad del taller y nada se haría sobre cualquier queja alguna. Palabra se extendió rápidamente sobre estas exclusiones, y que contribuyó grandemente a la desaparición de los talleres de producción. Mediados de 1980, la gente se convirtió en más educada acerca de los mejores lugares para tener sus carros repintados.

Laca fue utilizada extensivamente para reparaciones pequeñas ("spot repairs" o "spot painting"), finalmente podrían ser mezclados en una fábrica de pinturas existentes. Talleres personalizados (custom shops) todavía usaban laca para un acabado brillante pulido, alta en automóviles y "hot rods". Poliuretano de una sola etapa fue utilizado a menudo para el acabado del chasis y vehículos comerciales.

Algunos talleres adquirieron el equipo especializado necesario para satisfacer las necesidades de la industria de seguros. Estas fueron los talleres independientes

Capítulo Dos

Requisitos Básicos

Todo comienza con usted y su interés en los vehículos. A diferencia de los trabajos regulares de 9 a 5, autobody reparación puede ser muy diferente de un día a otro. Honestamente puedo decir que algunos desafíos son la mejor parte del trabajo. No hay mucho tiempo para sentarse durante el día. Esperar a que salga un entrenamiento real. Físicamente, necesita estar en buenas condiciones. Sus rodillas y la espalda las va sobre usar. Tener cuidado con tu peso personal por lo que podrás trabajar durante un tiempo largo. Comer lo suficiente para sostenerte todo el día, pero no más.

Algunas de las herramientas pesan más de 50 libras, y deberá sustentarlas adelante de su cuerpo, como en el caso de las abrazaderas del chasis (frame clamps) y requiere que su espalda este fuerte. Todos sus músculos se crecieron con el tiempo, pero espera que por un poco tiempo tendrás tu cuerpo adolorido. Mantener alguna medicina para dolor que la necesitaras.

Y ahora la parte áspera. ¿Qué tan bien funcionan con los demás?

Reparaciones de automóvil casi puede ser llamado un "equipo de deporte". Hay muy pocas personas que puedan llevar un vehículo a través de todo el proceso de reparación y pintura. Los hombres se encuentran principalmente en talleres de restauración, y tienen años y años de experiencia. Muchos de ellos son capaces de reproducir piezas que ya no puedan ser compradas. Sus habilidades especiales están fuera del alcance de este libro.

Puesto que las reparaciones son un esfuerzo de equipo, la capacidad de trabajar con otros es una parte muy importante del trabajo. Los individuos con grandes orgullos, no duran mucho y terminan rebotando de taller a taller por toda su vida de trabajo. En algunas zonas, necesitas la habilidad de hablar Inglés es muy importante en el negocio de autobody, Puedes aprender Inglés en un colegio comunitario será mucho más importante que un GED o diploma de secundaria. El respeto que te dan las personas viene en la manera en que usted se presenta. Una gran parte de la impresión de que haces con tu jefe estará en su capacidad para comunicarse. Igual de importante será la capacidad de leer y entender órdenes de trabajo. Hay un gran cantidad de papeleo de día a día la ejecución de la tarea y los

Hombres que carecen de las habilidades lingüísticas son tratados como no calificados, obreros. Y créanme, no quieren ser tratados de esa manera. Hombres que no saben leer y escribir en inglés acabarán con trabajos sencillos que no pagan bien. Los trabajos que pagan mejor se les darán a que a aquello que pueden proporcionar información para el personal de la oficina y el departamento de piezas, en el caso de piezas faltantes o daños invisibles.

¿Eras un "dador" o un "tomador"? Un donante es alguien que siempre considera a otros antes de él mismo. Hay muchas situaciones que se presentan que requieren un esfuerzo extra, y a veces no hay ninguna compensación. Estas son las situaciones que separan las personalidades de los hombres que no levanten un dado al menos que les pague. Personalmente, nunca he entendido esa tipo de trabajador. En todos los casos, las compañías de seguros y el personal de la oficina tienen una opinión baja de ellos. Dar y recibir un poco siempre será parte de la empresa, porque la reparación del daño no es una ciencia exacta. Esperar que las estimaciones y órdenes de trabajo se escribirán profesionalmente, pero no te quejes por cada $2 que se pierde.

Hay hombres que pierden la mejor parte del día quejándose cuando pudieron haber visto un pequeño error, y arreglarlo. Y hacer mucho más dinero. La otra parte es algo que no cuesta, excepto tiempo lejos de su familia, son las horas por semana que usted podría ser necesario para trabajar. Algunos talleres valoran su tiempo libre, y tienen estrictas 40 horas por semana. Estos talleres están en la minoría. Talleres son una industria de servicios que responden a las demandas del público. Esas demandas a menudo implican entregar carros sábados o después de 6:00 de la tarde. Los dueños y administradores nunca dicen una palabra sobre las horas extras que les gustaría ver trabajar. Hablan primero con los nuevos empleados. Poco a poco, la idea de llegar temprano, permanecer después de las 5:00 y los sábados de trabajo se extiende a lo largo de la mano de obra. Los empleados son casi avergonzados y se quedan tarde como todos los demás. Un empleado debe seguir adelante, aun cuando las horas extras no fueron solicitudes específicamente. Cuando empiezas en un taller, preste especial atención a las horas de operación. Llevan poca semejanza a lo que le dijeron durante una entreviste de trabajo.

El plan es de llevarse bien con el Gerente del taller y otro personal de la oficina. Con el tiempo te darás cuenta cuánto más dinero se puede hacer durante esas horas extras, y que usted puede convencer a su familia que 50 horas trabajando por semana, es una buena cosa.

Los empleados con buena actitud se les pedirán favores como ajuste puertas, cofres y compuertas afuera en el estacionamiento. Un cliente viene con una puerta que no se cierra, y sí el estimador no puede asegurarse que el taller tendrá el trabajo, el llamará un bodyman afuera hacer un ajuste libre como un "servicio comunitario". Es muy importante ser amable con el cliente potencial, aunque duele. Si le llaman para hacer algo afuera, es porque el Gerente cuenta con la confianza que usted sabe que va hacer. Tardará dos viajes, el primer viaje es averiguar cuál es el problema y qué tipo de herramientas usted necesita. El próximo viaje, será con las herramientas adecuadas y una idea de qué hacer. Usted tiene que asegurarse de no hacer un mal trabajo. Con todo su derecho ahora, usted podría estar pensando en cómo puede eliminar esas solicitudes presentando una mala actitud.

¿Y sería correcto, pero es el tipo de empleado que desea ser? Créanme, las personas que reparten el trabajo en la entradas fácilmente pueden decidir hacer su vida miserable sí se niega a hacer favores de vez en cuando. Lo peor es que, tu trabajo va a desaparecer. Sin duda, es una extorsión. Así que, bienvenido al mundo real.

Hay un tema que deseo que ni siquiera tengo que decir. Por favor, asegúrese de que usted tiene derecho a trabajar en el país que esta. Hable con un abogado de inmigración un permiso de trabajo y cómo integrar a la sociedad estudiando para convertirse en un ciudadano naturalizado. Realmente, vale la pena el costo y el esfuerzo. Qué horrible sería tener que dejar su familia y miles de dólares en herramientas detrás mientras que el Departamento de inmigración le envía fuera del país.

Compre algunos zapatos cómodos de suela dura con inserciones de acero (steel toe). Zapatillas y tenis deben dejarse en casa. He escuchado de un bodyman que usó sandalias en el taller en verano, algo que no puedo imaginar. Ser un trabajador seguro, y el taller tendrá una razón más para estar orgullosos de usted y de la decisión de contratarlo.

Capítulo Tres

Los Propietarios y Gerentes

En algunos casos, el dueño de un taller puede usar muchos sombreros, y todo depende de lo ambicioso que es. Ellos desean tener sus "manos adentro" y actúan como Gerente, jefe del taller, estimador y Departamento de piezas, todo convertido en uno. Estos talleras van mal, a menos que sean talleres de una persona, sin potencial de crecimiento. Cualquier propietario de un negocio en crecimiento, deben aprender a delegar responsabilidad. Esto incluye la contratación de la mejor ayuda y confiar en sus decisiones. Es donde cosas pueden ir terriblemente mal para un bodyman. Si se produce una situación donde un propietario se niega a confiar en un gerente o un encargado del taller para tomar las decisiones correctas, él mismo asume las funciones que fueron asignadas a los demás. Confusión en el taller, es el resultado cada vez. La confusión mata la productividad, y matará su cheque de pago. No hay peor situación que un bodyman puede ser arrojado. Gerentes y jefes del taller se quejan tanto del propietario y discutiendo entre ellos. Todos los conflictos se ocultan al propietario, para fines de conservación del empleo.

17.

Los hombres del taller estarán en un constante estado de confusión y continuamente se dividen en dos o tres direcciones diferentes en cada puesto de trabajo.

Lamentablemente, no hay ninguna manera que un bodyman puede saber sobre el problema, sin conocer algunos de los hombres del taller. Recomiendo averiguar quién ha estado allí más tiempo, y si ha habido una alta tasa de despido en la fuerza de trabajo. Aparte de eso, no sabes qué situación existe en el taller. Talleres que tienen una tasa de rotación alta empleado, son extra comercial para nuevos solicitantes de empleo. Cuando el dueño y Gerente han terminado contigo, sientes que simplemente han abierto las puertas del cielo para usted y su caja de herramientas. Usted puede notar que hay muy pocas preguntas que le harán a usted, como su nivel de educación o sus años de experiencia. Después de que se aprende de los problemas en el taller, será demasiado tarde. Propietario desconfiado también puede ser un signo de paranoia. Esto es extremadamente grave, como hace gestión espiar a los empleados, así como utilizar técnicas de colocación de trampas contra los empleados y luego actuar como si estás siendo razonable si usted los llama en él. Esta situación es incurable, y es mejor renunciar lo más pronto posible.

Si eres bastante afortunado como encontrar un taller donde todo el mundo es de confianza para hacer un buen trabajo, entonces estás de suerte. Esta es la base para una relación a largo plazo. Siempre apreciamos un buen líder y perdonarlo por ser humano de vez en cuando.

Nunca mienta a un buen jefe, sobre el trabajo, o por cualquier motivo.

Las preguntas más comunes que a un bodyman se le pedirá dar referencia de algún aspecto de una reparación de un vehículo. Si un jefe ve que técnicas apropiadas no fueron seguidos durante una reparación, puede pedir si las cosas se hicieron correctamente solo para ver lo que dice. Siempre ser consciente de esa posibilidad, y responder con la verdad. Ofrecer una disculpa, si es necesario, junto con la garantía de que la técnica correcta será seguida la próxima vez. No te sorprendas, sin embargo, si le piden que vuelva a hacer algo. Un administrador de buen taller se encarga de sus clientes primero.

Hacer un trabajo honrado y el respeto que usted gana le servirá bien. Los jefes comenzarán a preguntarle su opinión sobre cuestiones técnicas y lo más importante, ayudar con un presupuesto de reparación particularmente ahora y después. Le dará una oportunidad a obtener un pago mejor por una reparación difícil y desperdiciar menos el tiempo.

El privilegio de ordenar materiales especiales va a un respetado empleado. Si lees acerca de un nuevo producto que hará tu vida más fácil, usted podrá pedir al taller que le haga la compra para usted.

Beneficios, como seguro médico, o un periodo más largo de vacaciones pueden ampliarse a empleados preferidos. Algunas de las grandes compañías ofrecen planes de retiro. Estos planes han sido eliminado por muchos talleres pequeños y medianos en los años como márgenes de ganancia se han reducido. Ahorrar para su jubilación y trabajar siempre para los talleres que utilizan un sistema de nómina legal. ¿Si el dueño de un taller quiere pagarle abajo de la mesa, dónde más engañan? Él podría estar usando 2 juegos de libros para efectos contables. No inviertas tu tiempo en un taller que puede ser cerrado por las autoridades.

No está mal hablar de que su caja de herramientas está prohibida a los demás, sin permiso. Hay muchos jefes que consideran que un empleado y sus herramientas son de uso libre.

Hay maneras agradables para explicar que sus herramientas son valiosas, y es mejor ayudar, en vez de prestar las herramientas. Si usted pone la ley desde el primer día, delante de todos, no pueden decir que no les dijeron. Y nunca vallas atrás de tu decisión. Mantenga su palabra, y cuando piden ayuda, ayudarles. Así no perderás las herramientas que has trabajado tan duro para obtenerlas.

Cada taller bien administrado tendrá una selección de hardware y los clips de los tipos que utilizan los carros más populares. Eso no significa que un bodyman descuidadamente puede descartar hardware tomado fuera de un vehículo. Ayudar al taller a mantener los costos bajos mediante el uso de todo hardware que son útiles y absolutamente necesarios. Si agarras pedazos adicionales cada vez y guardas los extras, lo que se va a echar deber pronto a nadie le gusta esto en el hardware. Los contenedores de piezas pueden costar miles de dólares para llenar, y eso es dinero que el taller puede usar para otras cosas como mantas de soldadura que nunca parecen ser suficiente. En ese mismo sentido, equipo del taller necesita ser cuidado. Si le molesta que alguien quite prestado sus herramientas, usted debe respetar las herramientas del taller. No caminar con cadenas o abrazaderas para un trabajo fuera del taller que estás haciendo en casa. Recuerde que el taller está en su derecho a prohibir ese tipo de comportamiento, no importa cuántos años has estado allí.

Otros equipos son tan importantes. Los marcos son creadores de dinero, pero pueden dañarse con los métodos de tracción inadecuados. El elemento más comúnmente abusado es la bomba, seguida por la deformación de las ranuras de la rejilla causada por cadena de ganchos.

El ejemplo que será seguido por otros y si es del tipo adecuado, será apreciado por la administración.

La idea es, de mantener un ambiente de trabajo que hará que usted desee permanecer por muchos años.

Y tu jefe estará contento que has caminado a través de su puerta.

Capítulo Cuatro

Herramientas Básicas

Para comenzar a trabajar en la industria de autobody, usted puede encontrar que no hay ningún requisito especial, solamente que te presentas cada mañana para trabajar. Tenga en cuenta que los empleos que requieren pocos o ninguna herramienta son muy importantes, y no están conectadas con el tema principal de este libro. Pero son importantes sin embargo. Todos los vehículos reparados necesitan ser lavados y detallados, por ejemplo. El departamento de pintura de un bodyshop puede contratar empapeladores y lijadoras, la energía del pintor se orienta hacia "color matching" and pulverización (spraying). Usted puede decidir que el acabado final del trabajo es más interesante. Si usted es una persona que disfruta de trabajo limpio, que requiere una atención extrema al detalle, el departamento de pintura puede ser para usted. No todas las personas pueden hacer preparación de vehículo fastidioso para el acabado. Muchos bodymen no quieren ser parte de él, prefieren ensuciarse y hacer el trabajo fundacionalmente necesario. Y es donde realmente empieza este capítulo.

¡METALERO!

Digamos que alguien que apenas se graduó de high school pone su pie en la puerta en un taller propiedad de un pariente o un amigo de la familia. Tal vez, hubo palabra flotando en una tienda de pintura de automóviles que tal y tal están en busca de un hombre o mujer que quiere empezar a trabajar en un taller. Es una gran apertura, pero esos puestos de trabajo en el taller no son los que usted busca. ¿Cuántos de nosotros quieren lavar carros todo el día, o barrer los pisos? Recuerda que, estas son solo posiciones para empezar. Cuando el siguiente nuevo hombre es contratado, usted puede moverse hacia arriba y el siguiente tipo se queda lavando carros y barriendo los pisos. El siguiente paso para subir puede implicar ayudando en el departamento de piezas, entregar partes a los bodymen. O moviendo carros alrededor, o dar a clientes un viaje a casa después de que dejan sus carros para reparaciones. Parte de sus funciones al final del día puede incluir llevar carros dentro al taller, y recoger la basura que estaba acumulando durante el día. No esperen que el jefe ayude, estos puestos de trabajo son tuyos y él jefe observa y calcula qué valor estás llevando a la empresa. Siempre haga estos trabajos alegremente y con un ojo sobre su futuro.

Una buena actitud va hasta el final. Si tú llegas a caer bien y ser apreciado en el taller, es tiempo de ver por la siguiente posición en el departamento de reparaciones. Durante la jornada de trabajo asegúrese de ver de cerca lo que está sucediendo y haga preguntas. Esto es especialmente importante lo que respecta al siguiente nivel, que será en el área de preparación de pintura. Esos trabajos son empapelador (masking), echar primer, lijado, y volver a re empapelar para pintura. Si eventualmente deseas trabajar como un reparador de cuerpo (body repairrman), será un gran paso. Lijando carros es la mejor educación disponible para un principiante.

Recuerde trabajar con cuidado, incluso si ves otros hacer menos e ir pasando. No caigas en esa trampa. Conseguir y mantener una reputación para un trabajo de calidad. Cuando abre una oportunidad, el manager tendrá plena confianza en que usted va hacer las cosas en la manera correcta, desde la primera vez. Los pintores saben quién está haciendo el trabajo cuidadoso y esa información llegará a los gerentes.

Cuando se abre una oportunidad para un bodyman sin experiencia, habla con el manager.

Si la posición es para un metalero con experiencia, no se decepcione mucho si no pueden dársela a usted. Espere por otra oportunidad correcta, o pida alrededor si puede ser ayudante de un bodyman. Algunos bodymen creen que pueden mejorar su línea de producción tomando un ayudante sobre todo si el taller paga el salario. Eso no ocurre muy a menudo. La mayoría de las veces el bodyman hará más dinero, pero el taller va a deducir parte o la totalidad del pago del ayudante. Por esta razón muchos bodymen rechazan la oferta.

Hay casos donde un bodyman se ve obligado a tomar a un ayudante, como una regla de empresa. Para un ayudante, no es una buena posición para estar, por varias razones. Un bodyman puede ser tan resentido de la regla de la compañía, que puede tratar mal al ayudante. Allí pueden haber problemas en el taller que puede conducir a una increíble cantidad de fricción entre los dos. El tamaño de mi estación fue mi mejor argumento contra tener un ayudante. Simplemente indiqué que el área de trabajo no era suficiente para dos personas, y fui capaz de ir alrededor de su solicitud. Si tuviera el doble de espacio, lo hubiese hecho con mucho gusto como me lo pidieron.

Esta bien, supongamos que hay un oportunidad abierto para un bodyman principiante. Si había demostrado un talento para el bloque de lijado y priming, manager se sentirá seguro en su decisión para que pueda empezar a trabajar en los carros del cliente. No se sorprenda si ponen a prueba su paciencia y habilidad. Pueden algunos vehículos que pertenecen a sus amigos o familiares del propietario o administración, que casi no tienen dinero conectado a ellos, por lo que nunca se les da a los bodymen existentes.

Muchos veces bodymen, se ven obligados a trabajar en un "perro" en la comisión, no nos engañamos, esto es una prueba para ver hasta qué punto se dobla a los deseos de los managers que usted se enfade. Casi cada bodyman nuevo, tiene que ir a través de este trato injusto como especie de un período de iniciación.

Si tienes amigos en lugares altos, debido a un registro de la gran obra, tal vez puedes conseguir de ir alrededor de esta "prueba". Pero no esperes a tener cualquier trabajo de reparación compleja desde el principio. De hecho, no se sorprenda si sus primeras semanas no tienen nada pero trabajos de parachoques, reemplazos de espejo y otras tareas mundanas.

Hablamos sobre el plástico medio parachoques (bumper) en un carro moderno y las herramientas que se requieren típicamente para quitarlo. Vamos a empezar con el parachoques delantero. ¿Va a ser totalmente sustitutos (R&R), o se quita y se repara, y luego reinstalado? (R&I) Antes de trabajar en cualquier vehículo dañado, da un paso hacia atrás y mirar críticamente el carro. ¿Qué ocurre con el parachoques? ¿Fue frotado ligeramente y quemado por fricción? ¿O hay un golpe real? ¿Todavía está montado en la posición original de fábrica? ¿Se alinea el parachoques con el cofre? ¿Hay un notable hundimiento en un lado o el otro? Digamos que el parachoques es definitivamente golpeado en el lado izquierdo y ha empujado la cubierta (bumper cover) hacia la derecha. El lado izquierdo parece ser superior a la derecha, y sobresaldrán del lado derecho de la cubierta de la defensa derecha. El parachoques no se alineará con el cofre (hood). Ahora, mira la orden de reparación. Tan sorprendente como suena, hay estimadores en el negocio que van a escribir la reparación como un simple intercambio de parachoques, ignorando el daño interno posible.

28.

A veces, se escriben estas estimaciones superficiales porque el personal de la oficina se presiona por el tiempo, o la persona que escribe el estimado es simplemente perezosa. En un caso como este, poner algo de luz en el lado derecho y tomar algunas fotos con una cámara digital o un teléfono inteligente. En este punto, usted tiene un desacuerdo fundamental con la estimación, ya que el bumper cover nuevo simplemente no serán capaces de montarse en este vehículo.

Este trabajo se le dará a un bodyman con más experiencia, ya que tiene una condición se llama "sway". El chasis del carro, también es parte de él "unibody", tendrá que medirse con un láser o otro sistema de medición y halarlo hacia atrás en la alineación. Un bodyman se asegurará de que la defensa izquierda no ha sido afectada. A veces la defensa empuja tan duro en el borde del cofre, que el brazo de la bisagra del cofre esta doblado o alargado.

Si no hay ningún sacudimiento, una bumper cover puede cambiarlo con unas herramientas sencillas. Vamos a comenzar por empuje hacia arriba el extremo delantero del carro.

Requerirá el uso del gato (floor jack) del taller y los soportes de gato (jack stands). Haz la parte inferior del parachoques a unas 12 pulgadas del piso, por lo que se pueden acceder fácilmente los tornillos y los clips de la parte inferior. El gato debe usarse en los puntos de elevación del carro. Estas son las mismas áreas reforzadas que utilizaría en la toma del vehículo en el caso de una llanta desinflada. Seguir adelante y levantar el cofre, como hay algunos clips o tornillos de acceso, especialmente los que tienen los faros. Espera utilizar llaves de 10mm o tomas, junto con herramientas de eliminación de clips y Phillips y destornilladores planos. Cuando los faros son liberados, (a veces con un remolcador por métodos de fijación cofre y casquillo) los zócalos de lámpara pueden ser girados y liberados. Los sujetadores pueden ser revelados como los faros son halados del vehículo. Cada apertura de rueda tiene un guardafangos interior de plástico. La parte delantera de este plástico tendrá que ser liberado para hacer estallar los clips o tornillos que lo sujetan. Algunos bodymen eliminan completamente las defensas internas para protegerse de daños en estas piezas frágiles. El peligro es que el plástico se enreda entre la llanta y el guardafangos del vehículo.

y se arruinó por la fricción mientras el vehículo esta siendo conducido alrededor del taller. Yo recomiendo el retiro completo en la mayoría de los casos. Los soportes laterales del parachoques ahora serán visibles. En algunos casos, será nada más que un tornillo y un clip de plástico. Por último, ir a la parte inferior del carro y revientan los clips, o retire los tornillos y deslice la capa.

Hasta ahora, el requisito de la herramienta ha sido muy simple. Un par de desarmadores, un trinquete de carro de zócalo y llave de 10mm, así como una extensión de 6 pulgadas para el trinquete y una herramienta para los clips. Algunos parachoques delanteros tienen un deflector de aire inferior separada que pueden ser removido con las mismas herramientas.

El ejemplo siguiente consiste en la adición de una defensa golpeada. Con la cubierta delantera y trazádor de líneas de defensa interior quitado, tome un dolly multi-uso y empuje ligeramente hacia fuera una simple abolladura. Si el metal se dobla fácilmente, no tomará mucha presión para conseguir la forma que desee. Si este es su primer trabajo oficial del metal, usted le gustaría obtener un resultado lo más perfecto posible.

Sujete firmemente el dolly, pero no empujar demasiado duro. Al mismo tiempo, aprovechar cualquier punto alto con los golpecitos de martillo como sea posible. El metal es fino, si das golpes fuertes con el martillo resultará en una defensa estirada. Por esta razón, muchas defensas en los vehículos modernos se sustituyen completamente, incluso si el daño es relativamente menor. Usar mucha luz que refleja de la superficie para comprobar su trabajo. Cuando esté satisfecho, usa una lijadora de doble acción, conocida simplemente como un "DA", se utiliza para quitar la pintura en el área de los daños. Discos de 80 se utilizan para esto y también para quitar la pintura en el área más grande alrededor del golpe que se llama "ribete de la pluma" (feather edge).

Por lo tanto, ahora hemos añadido un DA a su caja de herramientas, así como un martillo de cuerpo (body hammer) y una carretilla. Y para el trabajo plástico, añadir un separador y una mesa para mezclar.

Ahora, vamos a tener en cuenta la ubicación del golpe que fue reparado. ¿Fue en el primer tercio de la defensa? ¿Es el color de pintura fácilmente mezclado? Los pintores se resisten rociando en las puertas delanteras, si le pueden ayudar.

Si la reparación es en la 2/3 parte de la defensa, va ser necesario rociar la puerta también.

Para recortar la puerta, retire el panel tapizado interior. Retire cualquier interruptor, paneles, manijas, y el agarrador. Pueden requerir el uso de llaves de 7mm o 8mm o torx (estrella) de varias medidas. Aprende a convertir en Ingles los tamaños métricos. Por ejemplo, si hay una necesidad de una toma de 7mm, un 9/32 de pulgada generalmente es. Lo mismo ocurre con la conversión del 5/16 pulgadas a 8mm. En cuanto a los zócalos de torx, ellos están todos numerados. Llaves Allen, vienen en inglés y métrico y usan sólo el más apretado ajuste de tamaño, debido a la facilidad por que las llaves despojan la cabeza de los tornillos. Algunos otros tamaños métricos son fácilmente convertibles a medida en inglés. Son 11mm a 7/16, 13mm a 1/2, 14mm a 9/16, 16mm a 5/8, y 19mm a 3/4.

En resumen, todos los bodymen necesitan un conjunto de sockets en los tamaños pequeños. Un conjunto de llaves allen métricas y un conjunto de conductores torx.

Los paneles de puerta interior pueden saltar directamente de la cáscara de la puerta, pero más recientemente, hay una manipulación adicional necesaria. Algunos paneles son empujados hacia atrás, luego hasta que se sueltan. Si un panel parece difícil, pide consejo de alguien. No fuerces el ajuste independientemente de su ubicación en una puerta, o en cualquier otro lugar. Si no tienes suerte, todo el conjunto de ventana y el regulador (el mecanismo que levante el vidrio) tendrá que quitarse para tener acceso a los tornillos que sujetan los agarradores de las puertas. Esto se debe lograr con las herramientas que ya se han mencionado. Un conjunto de llaves de combinación puede venir bien cuando no alcancen los sockets.

Si una piel de la puerta tiene daños que no pueden ser reparado en un tiempo razonable, una piel de la puerta (door skin), será pegado o soldada a la cascara de la puerta (door shell). Vamos añadir una amoladora con disco, que se utiliza para moler el borde de la piel de la puerta. Cuidadosamente deslice una espátula metálica entre la piel y forro de la puerta hasta que la piel salga suelta. La delgada franja de metal en el interior contará con puntos de soldadura que tendrán que ser rebajados antes.. Las soldaduras pequeñas pueden ser rebajadas con el borde de una rueda de corte montado en un grinder de aire. El borde de la cáscara en la puerta puede ser traído en forma con un martillo de cuerpo (body hammer) y dolly plana. Para doblar la horilla de la piel nueva, algunos inventores han tratado de diseñar cinceles con curva para ello. Sólo pueden utilizarse después que la orilla de la piel ya ha sido doblada antes con un martillo y un dolly. La mayoría de bodymen no usan ellos. Usted necesitara algunas herramientas que se llama "vice grips" para mantener la piel en la posición correcta para soldadura. Cortar una "v" en la piel, en las mismas posiciones que fueron utilizados por la fábrica. Usarla soldadura de mig (mig welder) para rellenar la "v" a través de la puerta. Utilice un grinding disc para vestir las soldaduras, sin causar daño a la piel.

Pasando al recambio del cuarto panel (quarter panel), nos encontramos con que quitar el parachoques trasero se convierte en una necesidad. Generalmente los faros se eliminan primero. Que se utiliza las mismas herramientas del cobertor delantero.

En el metal, herramientas de trabajo utilizados, son los mismos que fueron usadas para el remplazo de la piel de la puerta. Devastador de disco, discos de corte, rueda de la aleta y vise grips. Para la fabricación de contra chapas, una tijera de aire o de algún tipo, viene muy bien. Para doblar formas simples en las placas de respaldo, es aconsejable montar un sostenedor sólido.

Use el DA para quitar la pintura del alrededor, luego untar el plástico. Utilice un bloque de madera de balsa para el lijado de precisión. En la mayoría de los talleres, el bodyman no hace imprimación. El rociado debe ser cuidadosamente controlado, o pequeñas manchas del primer se verá en todas partes.

La mayoría de talleres proporcionará las herramientas pesadas, así como los soldadores, jack stands y el gato. Los diferentes granos de lija se mantienen generalmente en el departamento de piezas (parts department en talleres grandes) con el plástico (bondo) y la masilla de acabado. Así que ahora, tenemos una buena lista de herramientas básicas. Me gustaría recomendar una luz de trabajo, una silla corta sobre ruedas, unas rodilleras y una enredadera (creeper).

Capítulo Cinco

Más Herramientas

Existen otras herramientas que cada bodyman quisiera comprar finalmente. Si usted ha estado usando cajas de cartón o cajas de herramientas pequeñas, usted necesita actualizar y obtener un gabinete grande tan pronto como sea posible. Hay muchos diversos estilos y tamaños disponibles. Es importante tener el estilo correcto de trabajo autobody, porque un gabinete diseñado para las herramientas del mecánico probablemente tendrán gavetas inadecuadas para herramientas utilizadas por bodymen. Buscar gavetas más profundas en la parte inferior de la caja, para lijadoras (DA) y rectificadoras (grinders), así como otras herramientas voluminosas. La mayoría de gabinetes tienen gavetas en la parte superior para las herramientas pequeñas. Metaleros buscan gabinetes que tiene una gaveta larga de como 48 a 72 pulgadas en la parte superior para las herramientas que no caben en gavetas de tamaño normal.

Metaleros usan la parte superior de un gabinete como una mesa, y es recomendado a taparla con un material suave como alfombra o espuma.

Otra consideración es el ancho de la caja de herramientas. La mayoría de los gabinetes miden entre 18 a 24 pulgadas. Raramente, se encuentra uno que tiene más de 24 pulgadas de ancho. El número de la ruedas varían. Algunos solo son de 4 ruedas y otros de 6 o 8 ruedas. El diámetro de las ruedes determina si el gabinete va a ser fácil de rodar cuando está completamente cargado. Verdaderamente es resistente incluso podría tener un sistema de suspensión en las ruedas para rodar sobre superficies ásperas como suciedad o concreto quebrado. Es muy difícil de rodar cualquier gabinete sobre de grava o piedras. Planear de poner su caja de herramientas en una estación que no se mueve. Esto mantendrá en buena condición las ruedas y las balineras. Si hay agarraderas fuertes, es un extra beneficio. Algunos tienen soportes de buen tamaño con tornillos de 10mm a 13 mm. Agarraderas fuertes pueden utilizarse para colgar herramientas pesadas.

Al transportar la caja, las agarraderas a menudo se utilizan para sujetar los ganchos de amarres cuando la caja está atada a un remolque o un camión. Con agarradores en ambos lados es una ventaja tremenda por las mismas razones, pero no todos marcas tienen el segundo agarrador.

Elegir un gabinete con gavetas y correderas de balinero. El ambiente de un Taller es demasiado polvoroso para gavetas sin balineros. Las gavetas trabajan bien cuando son nuevas, pero eventualmente se negará a abrirse o cerrarse fácilmente. Los gabinetes de bajo costo que utilizan las gavetas baratas, están diseñados para uso doméstico.

Cada caja necesita un mecanismo de bloqueo resistente. Muchos de las cajas nuevas usan llaves cilíndricas que son más durables para el uso de día a día.

Carros de las herramientas son una alternativa de bajo costo. Dos o tres carros pueden tener casi la capacidad de un gabinete grande. Si se incluyen los estantes inferiores, herramientas de tamaño grande pueden ser guardados. Hay una ventaja de utilizar los carros fácilmente movibles, especialmente si las herramientas deben de ser transportadas a cualquier distancia a través de un taller. La mayoría de los carros de calidad tienen 3 a 5 gavetas y un área de almacenamiento superior con una tapa de cierre y ruedas grandes.

Otro tipo de carro es el utilizado para un soldador de mig. Hay una plataforma atrás para un cilindro de gas.

Cada bodyman tiene una necesidad de su propio gato. Muchos talleres tienen algunos de ellos, pero en los talleres grandes, cada hombre debería tener su propio porque es una herramienta que será utilizado todo el día y cada día. Generalmente el taller comprara un Jack "brazo largo", y bodymen comprara el gato regular con 18 a 22 pulgadas rango de elevación. Los gatos de brazo largo son útiles para la elevación de la parte trasera de camionetas (pick-ups) donde el diferencial es el punto preferido de elevación, y es 3 o 4 pies hacia delante del parachoques trasero.

Gatos de aluminio están disponibles, así como modelos de "bomba rápida". Cuestan más, pero cada uno tiene ventajas.

También están disponibles a bajo costo, gatos de botella, gatos de tijera y cortos gatos hidráulicos que tienen agarradares de transporte. Estos conectores se utilizan en bastidores de chasis para levantar vehículos para la instalación de abrazaderas de pellizco soldadura y abrazaderas del chasis. Estos gatos pequeños pesan una fracción de los gatos de tamaño normal y son fácilmente manipulados en un bastidor de chasis.

Algunos bodymen utilizan gatos de tijera con llaves de aire para levantar y bajar los lados de los vehículos en pocos segundos. Ellos deben lubricarse regularmente.

Algunos talleres tienen "bahías elevadores" (bay lifts). El frente o la trasera de un vehículo pueden elevarse 3 pies o más en segundos. Algunos tipos tienen patas ajustables, algunos modelos más económicos tienen patas sólidas. Los brazos vienen en modelos cortos o largos. No son ampliamente utilizados en talleres, debido a la falta de espacio. Otra desventaja es que la base inmovible del ascensor está siempre en el camino.

Elevaciones del piso no son comunes en talleres, porque trabajos en la parte inferior de un vehículo puede lograrse usando otros medios. Si se instala un ascensor, el diseño preferido es una elevación del "underground" (abajo del piso). Ésos son comúnmente encontrados en talleres de mecánica. Hay un poste que viene hacia arriba desde el piso. Unido a él, son 4 patas giratorias que pueden ser alineadas con los puntos de elevación debajo de un vehículo.

"Sobre la tierra" (above ground) ascensores pueden instalarse en cualquier piso de concreto existente.

Hay muchos estilos de elevaciones sobre del terreno, pero todos utilizan 2 o 4 postes con un sistema de cables y poleas conectadas a uno o más motores eléctricos. Los brazos y cojines de elevación son ajustables. Los modelos de 4 postes es mucho más fácil de usar. Modelos de 2 postes tienen muchos problemas ocultos. El vehículo deberá analizarse en equilibrio con las llantas sobre suelo. El carro o camión puede ser suavemente sacudido hacia arriba y hacia abajo para asegurarse de que la elevación está correctamente situada debajo del vehículo. Un vehículo desequilibrado puede caerse fuera del elevador de 2 postes. La parte superior del vehículo no debe entrar en contacto con la barra transversal superior del ascensor. Y finalmente, observar con cuidado al abrir puertas. Los postes están muy cerca de los lados del vehículo. Elevaciones de poste son impopulares debido al espacio que consumen.

Un asador estilo rotisería puede sujetarse a un vehículo para girar de unos pocos grados y completamente al revés. Talleres de restauración los utilizan. Vehículos más viejos tienen grandes problemas con pisos oxidados. Cualquier dispositivo que reduce la cantidad de tiempo necesaria para reparar los problemas, finalmente se paga por sí mismo.

Para la mayoría de los bodymen, el uso de un gato y soportes de gato será la mejor manera de levantar un vehículo. Es cierto que la altura de la reparación requerirá que bodymen se arrodilla o sentarse para trabajar. El uso de colchonetas de espuma y sillas de rodillo puede facilitar las cosas más fáciles.

Algunos talleres tienen elevadores portátiles que agarren las llantas. Dos unidades, una a cada lado del vehículo, levante un extremo o el otro, para que puedan instalar clamps de pellizco o soportes en las áreas reforzadas del piso. Estas elevaciones son grandes y difíciles de moverse, pero levantan un vehículo más rápido y más alto que cualquier otro dispositivo portátil. Debido al costo, el taller compra estas elevaciones, normalmente se almacenan en un área del taller donde están fuera del camino.

Soldadores MIG son herramientas que tiene el taller para usa de todos los bodymen, y se ensucien rápido.

Se recomienda que cada bodyman considere la compra de uno propio. Soldadores tienen partes que se considera consumible. Me gusta tener un suministro de piezas de repuesto a mano.

43.

Muchos talleres tienen capacidad de soldadura de gas, estos conjuntos se llaman antorchas de acetileno con oxígeno. Mientras que las antorchas tienen muchos usos generales, fijación de piezas autobody no es uno de esos. Una antorcha en un taller moderno, se utiliza sobre todo para la reducción de metal (shrinking) y para la reparación de metal suave, típico de un chasis de camión. En ocasiones soldaduras con gas se utilizan para componentes del sistema de escape.

De vez en cuando, un metalero se encuentra paneles soldado con brass, especialmente en los carros clásicos. El método de juntar paneles así se llama "brazing", es muy similar a la que un plomero se usa para soldar tuberías de cobre.

Si la soldadura MIG se sustituye por una articulación que anteriormente fue soldada con brass, asegúrese de eliminar todos los rastros de brass que está en el camino de la nueva soldadura de MIG. Alambre MIG no suelda una unión que está contaminada con latón, suciedad, herrumbre o pintura. Hay algunos métodos preferibles de eliminación de contaminantes. En áreas accesibles, probar un "flap wheel" de 80 granos. Para espacios inaccesibles, usar un "blaster" de arena.

Soldadores de punto están disponibles en estilos portátiles y unidades de servicio pesado que ruedan sobre ruedas como un cargador grande de baterías. Las unidades portátiles vienen en 110 y 220 voltios de capacidad. Para unir metal hasta calibre 16 de espesor, soldadores 110 voltios deben ser suficientes. Como con todos los tipos de soldadura, preparación de la superficie es muy importante para una soldadura de alta calidad.

Una soldadura perfecta es agradable incluso derretir sin quemar las capas de metal. Todos los paneles soldados de reemplazo deben ser perforados en los mismos lugares que las soldaduras de la fábrica.

Hay otro método de sujeción que usan muchos bodymen para paneles, especialmente techos y pieles de la puerta. Epoxi de 2 partes crea un cemento permanente con mínima presión de sujeción. Aplicadores especiales mantienen los cartuchos de la Parte A y Parte B que se mezclan dentro del aplicador y despachado como un cordón de 5mm. Cuando afianzado con abrazaderas, el exceso de cemento es forzado hacia afuera de la orilla, se suaviza para conseguir el aspecto de calafateo.

Un compuesto de calafateo es una herramienta esencial. Con pocas excepciones, cada unión soldada debe sellarse contra la intrusión de la humedad. Puede regarse con la punta de un dado, o dejar el cordón redondo directamente desde el tubo. Para cortar la punta de un tubo, utilice una navaja que la punta termina en un ángulo primero y luego cortar la porción de la punta en el diámetro requerido. Cuando se aplica, la masilla se parece ser redonda. Nunca sustituir plástico o punto masilla (spot putty) para calafatear, el grano debe permanecer flexible.

Martillos grandes a veces son necesarios para realizar ajustes a los marcos de acero suave del carro o para mover el metal dañado fuera del camino. Un martillo grande tiene un tamaño mínimo es un mazo de 40 onzas con un lado plano y una "V" en forma posterior. Muchos bodymen usan una almágana de 5 o 10 libras. Agarradores cortas están disponibles, pero los de 10 libras debe tener por lo menos 36 pulgadas de mango largo.

Barras de varias longitudes son esenciales también. Algunos se asemejan a grandes planos destornilladores con las puntas medio doblada. (Pry Bar)

Barras más largas con extremos de diferentes formas son útiles para dar forma a metal en áreas que no pueden ser alcanzados por cualquier martillo. Coloque el extremo puntiagudo en el área, luego empuje la barra, toque el metal utilizando la barra como un martillo, o golpee el extremo de la barra con otro martillo.

Martillos de cuerpo (body hammers) vienen en muchas formas y tamaños, así que listaremos los tipos que usan la mayoría de los bodymen. La más usada tiene una cara plana con un extremo posterior puntiagudo. Hay posteriores en la forma de una "V" y martillos especialmente para doblar las pieles de puertas. Martillos de bola son para uso general. Los martillos plásticos y de hule protegen las superficies contra el daño.

Cuatro tipos de dollies caben en casi todos lugares. El primero es "uso múltiple" (All Purpose). La plataforma plana, el dolly curvo, y la plataforma rectangular con un agarradero de 10 a 15 pulgadas.

Martillos de diferentes tamaños pueden utilizarse para volver a martillar las superficies, si se utiliza con cuidado. Evite golpear los martillos de cara a cara, el metal endurecido puede despedazarse y tirar metal peligrosamente en todas direcciones, causando daño, posiblemente serios.

Forzando el metal para moverse sin martillos, implica el uso de un "Porto Power" o un "Come Along".

Un Porto Power se puede hacer para empujar o tirar de ella, dependiendo de los accesorios que se utilizan. Una bomba de mano se utiliza para aplicar presión a un extensible ram. Accesorios pueden utilizarse para agregar longitud al ram. Otros rams están disponibles para caber en espacios más pequeños.

Un "come-along" es una herramienta que utilice cables y una mango largo para proporcionar la fuerza.. Algunos tienen una polea extra, que duplica la fuerza de tracción, pero se acorta la distancia de un jalón a la mitad.

Un polipasto es un mecanismo de engranaje utilizando para levantar cargas pesadas, a diferencia de un come-along que no se debe usar nunca para levantar.

Otros dispositivos de amare son tensores de la cadena que hacen exactamente lo que el nombre implica. Cadenas fijas que se utilizan para jalar, pueden apretarse con el uso de tensores de cadena.

Bloques de madera son herramientas. Cada bodyman debe mantener un colección de 2 por 4 y 4 por 4 de madera para uso en máquinas de marco. La madera blanda se utiliza con cadenas y ganchos de bastidor, mantener el vehículo fijo antes de jalar el golpe.

Cada bodyman necesita equipo de seguridad. Una de las más graves heridas ocurre cuando el metal caliente hace chispas desde soldadura, si golpean los ojos. Eso puede ser una lesión final de tu carrera, y puede ocurrir en una fracción de segundo. Antes de pulir o lijar, usar anteojos de seguridad y un escudo completo en su rostro para una máxima protección. Algunos bodymen se ponen gafas protectoras que ofrecen aún más protección alrededor de los ojos.

Escudos o cascos de la soldadura debe usarse para prevenir un peligro adicional, y eso es un daño permanente a los ojos causado por el arco de soldadura intenso. Soldadura de gas incluso produce una luz brillante que puede dañar la habilidad de ver con el tiempo. Debe utilizarse siempre un escudo oscuro. Para cualquier tipo de soldadura por arco, (MIG, TIG, y ARC) utilice siempre un casco completo con lentes polarizados oscuros, o un casco de tono ajustable. Algunos tienen un dial con tintes numerados de 9 a 13. Utilice el ajuste más oscuro y ajustar el mecanismo de inclinación, para que un gesto de la cabeza baje el casco sobre la cara.

Cascos de soldadura necesitan cuidado. Delante de lente oscuro, hay un lente de acrílico transparente que debe cambiarse cuando este muy rayado que se hace difícil ver a través. Comprar estos lentes delgados en una tienda de artículos de soldadura o lentes que se pueden hacer de hojas de acrílico. Además el cojín del sudor se ensucia muy rápidamente. Retirarlo, lavarlo y deje que se seque antes de reinstalarlo. El escudo de la cara también puede tener un cojín de sudor extraíble.

Chaquetas de soldadura o delantales con mangas son una necesidad, como guantes de piel de venado. Comprar guantes con puños altos para proteger su piel de quemaduras ultravioletas y chispas.

Rodilleras vienen en muchos estilos. Proteger las rodillas con plástico duro o tazas de goma atados a las correas de velcro. Duran unos seis meses, o cuando el cojín interior es muy plana al punto donde no es cómodo. Chispas calientes pueden quedar atrapados detrás de las rodilleras, cubre siempre tus piernas de la soldadura mientras estas arrodillado o en cuclillas.

Mantas de soldadura vienen en muchos tamaños y materiales. Las baratas no son tan durables como las mantas de lona pesada, pero son mucho más fáciles de usar.

Las mantas de soldadura son caras y muy tiesas, que nunca deben doblarse cuando se almacenan. Pliegues en el material están aceptables cuando es nuevo, pero con el tiempo, la manta se rompe en los pliegues, haciendo la manta inútil. Enrollar las mantas para almacenarlas, no doblarlas. Las mantas delgadas, son muy flexibles y no se dañan con los dobleces.

Desafortunadamente, un bodyman puede encontrar la mayoría de todas las mantas se utilizan por otros en un momento dado. No es inusual para el reemplazo de un cuarto panel requiere un mínimo de 4 a 6 mantas.

Si un carro no es despojado de su interior, el tablero, asientos, alfombras, y paneles de las puertas deben estar totalmente protegidos con mantas. Incluso si hay alguna piezas del interior en las cercanías donde la soldadura y pulido se está haciendo, cubrir las piezas con mantas.

Las chispas vuelen por todas partes, no se sorprenda. Si hay cualquier vidrio expuesto, debe cubrirse con papel anti-salpicadura, el cual tiene un adhesivo que atrae partículas de polvo y metal.

La primera vez que utilizas, verás lo que quiero decir. Es bastante caro, con cuidado, corta el papel de rollo con una hoja de afeitar. (razor blade)

Hay algunas herramientas que han quedado obsoletas con el tiempo. Hace años, todos los bodymen eran propietarios de airfiles. El problema fue que cortaban tan rápido, que el usuario tenía que mantenerlo moviéndose constantemente. También eran de breve duración y tenían que ser reparados a menudo. Pistolas de pintura de sifón, tenía una taza de fondo y son obsoletas también. Las pistolas de alto volumen, baja presión de gravedad son mejores para el medio ambiente y son más fáciles de usar.

Como se mencionó, herramientas de montaje de la piel de la puerta son reemplazadas por martillazos lentos y cuidadosos. Los a plantadores estilo cincel realmente podrían dañar si no se usa cuidadosamente.

Martillo deslizante que usan tornillo de punta, han sido sustituidos por un pin jalador para evitar la perforación de un panel del cuerpo. Extractores de golpes especializado como el "Tiburón", utilisa una barra con punta de cobre, para sacar un golpe poco profundo temporalmente, entonces un giro libre, para colocarse en otra área. Variaciones del diseño pueden encontrarse en versiones de 12 voltios DC o 220 voltios AC.

Muchas herramientas se han diseñado en los años, y se vuelven obsoletos en poco tiempo. No caer en la trampa de comprar herramientas que se convierten inusables, tratar de alquilar herramientas especiales si es posible.

Sistemas de medición son los mejores amigos de los bodymen. Hace años, todo el mundo utilizaba medidores de la línea central, medidores de tranvía y un plomo, y algunos talleres todavía los usan. Pero allí están mejores sistemas de medición que utilizan láseres o sonar para proporcionar una impresión de computadora de la forma de un chasis o una herramienta de estimación de costos. Más tarde, cuando las reparaciones se habían terminado, se completaron los documentos de impresión que jala lo necesario. Usar estos sistemas no es complicado.

Inicialmente, la pantalla pide la información del cliente, tales como el nombre y dirección, pero lo más importante, pide el número de identificación vehicular (VIN) y el año, marca y modelo del vehículo. Cuando se introduce esa información, el software va a trabajar y presenta una imagen aproximada de la estructura interna del vehículo. Se muestran algunos puntos a lo largo de la parte inferior del unibody. El bodyman instalara pequeños dispositivos de señalización, en los agujeros de fábrica proporcionado en los extremos de los tornillos. Cuando todos los sensores están instalados, medición comienza. Cualquier medida que esta fuera de las especificaciones de fábrica, aparecerá en la pantalla. Y el bodyman entonces comenzara a hacer correcciones.

Si el vehículo tiene daños obvios, ya tenía que estar atornillado a un bastidor de marco. Es importante eliminar sensores que pueden dañarse durante un jalón, pero pueden ser reemplazados fácilmente después de la extracción, por lo que el sistema de medición puede mostrar el progreso.

Idealmente, los sensores pueden permanecer conectados a un vehículo durante un jalón. Un bodymen con experiencia le dirá que cada jalón debe ser exagerado un poco "over-pulling", para que el metal pueda volver a su forma original. Over-pulling debe hacerse con precaución. Controlar constantemente su progreso en la pantalla de medición.

Muchos talleres todavía utilizan técnicas de la vieja Escuela. Medidores de línea central son barras de metal con puntero vertical. El puntero siempre se encuentra en la barra. 3 o 4 de estas barras se montan en los agujeros de fábrica en la parte inferior de un vehículo.

Digamos que un vehículo fue golpeado duro en la defensa del lado del conductor. Los tres primeros indicadores debajo del carro en zonas que no fueron dañados en el accidente de la caída. Los medidores de la lineá central, se mostrara el puntero delantero que centra hacia el lado del pasajero del vehículo.

El ejemplo que utilizamos se llama "sway". Las otras dos condiciones se llaman "Mash" y "Sag". Mash puede ocurrir en un accidente frontal con los carriles superiores o inferiores de uno o ambos lados de un vehículo. Todos los rieles superiores o inferiores de cada vehículo se hacen para contraer de forma controlada. Mire la pantalla de medición y comparar los números a la medida del riel dañado.

Puede utilizarse una simple cinta métrica, o un "tranvía" calibrador con conos de centrado automático y punteros se pueden utilizar para acelerar el proceso. Utilice los agujeros de montaje de defensas para realizar una medida rápida de la cruz. Si la medida transversal muestra una diferencia mayor de 2mm, debe halarse suavemente, no pesado. Medir a través de 4 puntos en la parte inferior del vehículo.

Uno de los extremos de la tranvía se establecerá en los agujeros de fábrica en la parte delantera de la "caja torque", y el otro extremo se instalaran en los orificios de la fábrica en la parte delantera de los rieles inferiores están fuera también, especialmente si hay daño visible al lado de la cubierta del parachoques. El medidor de tranvía puede utilizarse para comparar las longitudes de los carriles superiores e inferiores. Cuando usamos el término "Sag", nos referimos a rieles que no son correctos en su dimensión vertical.

Es posible que un vehículo que sufre un sacudimiento, mash y sag. Como regla general, halar de un vehículo para longitud primero (mash), los rieles inferiores. No prestar mucha atención a los rieles superiores hasta que los rieles bajos se halen a las especificaciones que aparecen en la pantalla de medición. Cuando los carriles de abajo están a nivel, los rieles superiores pueden ser alados en la alineación. Cualquier intento de enderezar la parte de arriba primero, va hacer un fiasco. Corrección de mash. Primero tiene la ventaja de corregir la mayoría de la influencia y el sag que puede estar presente. Utilizar nuevas piezas para verificar dos veces los jalones que se han hecho. Si montas una defensa izquierda, asegúrese de que la puerta izquierda está bien posicionada y cierra correctamente.

Libremente iniciar algunos de los tornillos de la defensa y compruebe la diferencia entre la puerta y defensas. Mayoría de los carros se ve bien con un espacio de 4 a 5 mm. A continuación, extraer el gancho del cofre, así, el cofre puede bajar sin interferencia. Compruebe la distancia entre el cofre y la defensa. Ir al otro lado del carro y asegúrese de que todo se ve bien. Si todos los tornillos se pueden apretar hacia abajo sin necesidad de separadoras, la alineación de la chapa frontal es completa. El mismo procedimiento se sigue cuando se instalan nuevos carriles. Si el vehículo necesita un nuevo soporte de radiador, debe soldar fácilmente a la chapa recién alineada.

Si las defensas se van bien contra las puertas y los rieles superiores son cuadrados, pero el cofre no encaja bien, ¿Qué podría estar mal? Verifique que las barras de bisagra del cofre no están dobladas o alargadas, midiéndolos. Muchas veces, la sección de la curva debe ser calentada al rojo vivo con un entorcha para que regrese a su forma original. En la parte frontal, asegúrese de que el enganche parezca una punta hacia abajo para que el mecanismo poder ser reatado con la ayuda de la base y el cofre se cierra sin problemas.

Si hay alguna sorpresa, volver al principio y revise los rieles inferiores primero, luego los rieles superiores y delantales. Si todo se ve bien, pero una defensa no se ve bien, compruebe que el tornillo del soporte trasero y el ángulo de la subida en el interior de las defensas. Si el ángulo interior es demasiado cerrado, intenta sacar con presión con los dedos, que generalmente es suficiente.

Nuevas defensas no tienen estos problemas al menos que hayan sido dañado en el envío. Si se han seguido los procedimientos adecuados, los faros pueden ser instalados. No debe haber ninguna razón para que un proyector se instale mal. Cuando el montaje de una cubierta de parachoques delantera, generalmente no es necesario hacer nada más que mantener en su lugar y asegúrese de que no hay zonas de mal montaje o un refuerzo doblado que puede causar problemas.

Cuando se trabaja en la parte trasera de un vehículo, las técnicas son las mismas. La dificultad viene del hecho de los cuarto panel son soldados, no atornillados como las defensas. Iniciar en los rieles abajo del piso y halarla a la longitud primero.

La decisión para hallar rieles individuales o ambos simultáneamente, depende de la condición del piso posterior y los cuarto paneles. Muchas veces, una simple medición transversal debajo del vehículo proporciona una riqueza de información. Si un lado parece normal, verifique la altura de la parte dañada para hacer una comparación.

Si el taller no tiene un sistema de medición, enganchar indicadores de la línea central (center-line gauge) y compruebe el sacudimiento.

Hay circunstancias que requieren la sustitución completa de la parte delantera o trasera de un carro, donde estaría prohibido el costo de las piezas individuales. Delanteros y traseros "clips" se entregan con un montón de metal extra unido, que debe ser recortado y preparado para la soldadura en el vehículo dañado.

Clips de atrás a veces se entregan con carrocerías o techos parciales.

Significa que los paneles de vela (sail panels) tendrán que ser soldados con autógena individualmente en la carrocería existente.

El resto del procedimiento es bastante simple. Se elimina todo el interior, con la alfombra. A continuación, el mazo de cables de las luces traseras y el tanque de combustible es enrollado y pegado al piso del frente. El vidrio trasero es corte suelto. El caparazón dañado es cuidadosamente cortada con una sierra de demolición, está claro de la unión soldada en el suelo. Un cepillo de alambre rotatorio se utiliza para cortar toda la masilla debajo del asiento trasero, que expone la costura de la fábrica. Utilice un disco de pulido para hacer las autógenas de punto de fábrica hasta que ya no tienen.

Compruebe la ubicación de cualquier aparato de piso que se sostiene el piso viejo. Para la instalación, utilice el vidrio trasero y las puertas como herramientas de medición. Los paneles bajo de la puerta es necesario reenfocarlos por dentro. Esos refuerzos ayudan a localizar el nuevo clip posterior. Usar soldaduras de tapón y soldaduras continuas para terminar la conexión.

En la parte delantera, remover las piezas atornilladas y el windshield. Se soldaran los largueros del bastidor al piso debajo del tablero. Los rieles superiores se colocan con grandes puntos de soldadura.

Como alternativa, conecte el clip delantero con refuerzo del tablero de instrumentos incluido. Corte en los postes del windshield y utilizar como gran parte de la planta delantera como sea posible.

Ambos métodos requieren la eliminación de la base de todo el motor con la suspensión delantera. Las capuchas de frente con tablero de refuerzos son raramente reemplazado (el segundo método) porque cuando se produce el daño extremo que, el vehículo más probable es que será declarado una pérdida total.

Mientras estamos en el tema de las secciones usadas, utilizar cuarto paneles puede ser difícil. La caseta del timón externa presenta una oportunidad para ahorrar algo de tiempo. No se separa el cuarto panel de la caseta exterior. Por el contrario, se sobreponen las viejas y nuevas sobre la parte superior de la llanta.

Limpiar las áreas sobrepuestas, plug weld los dos juntos y sellar el empalme, alisar la masilla para hacer que la articulación desaparece. Por último, añadir unas suaves capas de anticorrosivo (undercoating), hasta que la zona está completamente afinada.

En la parte posterior, el área debajo de la luz trasera se puede dar el mismo tratamiento. El problema es las curvas delicadas y pequeñas soldaduras que suelen presentarse detrás de las luces traseras. No hay nada malo con un empalme de panel posterior del cuerpo que conserva las soldaduras de la fábrica en esa zona.

 El empalme deberá ser cubierto con plástico y lijarla suave dentro y fuera.

Cinceles de aire (air chisels) pueden usarse para áspero desmontaje de secciones dañadas, pero no lo recomiendo. Cinceles de aire crean bordes afilados que pueden cortar fácilmente a través de guantes de cuero. Si se usa una sierra recíprocate o discos de corte, hay mucho menos riesgo de lesiones en la piel. Sigue este plan simple para cortar la sección dañada. Encontrar o hacer una hoja de sierra muy corta que no dañara la estructura interna, o utilizar una grinder eléctrico con ruedas de 4 o 4 1/2 pulgadas.

Marque cuidadosamente la línea de corte con cinta adhesiva. Cuando la mayor parte del daño se ha reducido empezar a pulir cada punto de soldadura de fábrica individual en las tiras finas que permanecen. Agarrar el extremo de una tira con unas pinzas y retire la tira lejos. Después de un ligero martilleo, la superficie debe estar lista para la nueva pieza.

Tuve suerte de trabajar en un taller grande que contaba con una variedad de herramientas grandes. Teníamos tres bastidores de marco para el uso de todos, y unos racks en el piso, en el espacio de trabajo de cada bodyman.

Se utilizó un bastidor de marco "Blackhawk®" muy grande para camionetas, porque las abrazaderas que fueron proporcionadas con la máquina, se consideraba para ser el mejor disponible en el momento.

Había otro marco grande llamado el "Chief Easy-Liner®". Era un marco grande sobre el mismo tamaño que la rejilla de Blackhawk®. Ambos marcos tienen 5 torres giratorias que son extremadamente útiles para hallar desde cualquier dirección. Torres adicionales se utilizan a menudo para agarrar un vehículo para halarlo, donde las abrazaderas del pinch weld no deben ser utilizados. (Siempre utilice las abrazaderas adecuadas para halarlo seriamente.)

El tercer estante fue un modelo de 3 postes de tamaño medio, que fue utilizado para hallar regularmente la mayoría.

Los diversos diseños del marco llenaría un libro por sí mismo. Pero hay muchas partes que todas las parillas tienen en común.

La cama básica, donde se ponen el vehículo puede ser de 15 a 24 pies de largo. (Hay racks especiales que excedan de 24 pies.).

El ancho tiene que ser acomodado a muchos diferentes vehículos, camionetas de doble rueda tienden a ser los vehículos más amplios que tendrá un taller para reparar. Carros pequeños pueden sujetarse en marcos grandes, y no hay problema.

El ángulo de la cama hasta el suelo, donde rampas cortas se utilizan para la parte delantera o las ruedas traseras del vehículo dañado.

Si un vehículo no puede ser conducido arriba de la rack por sus propios medios, un pequeño winch electico está conectado a la parte delantera de la parrilla, y el otro lado del cable está conectado desde los ganchos de amarre del vehículo.

Un controlador de mano tiene los botones para el winch. Antes de que el winch sea desconectado, la cama de la rack se levanta para seguridad.

A continuación, se levanta un lado del vehículo, y abrazaderas especiales se usen para las soldaduras más bajas del vehículo y a la cama de la parrilla del marco. Al otro lado del vehículo se sujeta hacia debajo de la misma manera.

Luego el sistema de medición se coloca en el centro del vehículo y las medidas son tomadas.

Las torres de tracción ajustables están alineadas con el daño del vehículo, y cuando se determina la dirección del jalón, las torres se sujetan a la cama para que no cambien la dirección del jalón.

Cadenas de tracción están vinculadas a las áreas dañadas por el uso de ganchos o abrazaderas. Entonces las bombas hidráulicas dirigen aceite a la ram que se montan en las torres de halado. Las cadenas son lentamente apretadas, y se hace el halado.

Se están halando sistemas que no utilizan un bastidor elevado para nada. Personalmente he usado tres tipos distintos. Las diferencias entre ellos son difíciles de describir porque son tan similares. Un tipo tiene dos pistas planas atornilladas al piso en la cual, el vehículo es conducido.

Abrazaderas especiales adjuntas a estas pistas y el vehículo. Un portable post es anclado al suelo alrededor de las pistas mediante el uso de cadenas que se han instalado en el piso. El vehículo está lo suficientemente alto de la planta, que un sistema de medición se puede rodar por debajo del vehículo sin hacer contacto. Cada poste portátil tiene su propia bomba hidráulica y ram.

Los otros dos sistemas de halado que he usado tienen nombres que describen como un vehículo se lleva a cabo. Para entender cómo funcionan, vamos a echar un vistazo a la parte inferior de los vehículos unibody. (Estos sistemas de sujeción no pueden utilizarse en chasis en vehículos como camionetas y algunas SUV construido sobre chasis).

El término "unibody" describe un vehículo que tiene el cuerpo y marco construido en una sola pieza.

Cuatro puntos en las esquinas del piso son reforzados por la fuerza, y esas 4 esquinas conectadas se llaman el "torque box".

Un tipo de abrazadera de caja de torque se llama la "Quadra Clamp®", y otro se llama "Wedge Clamp®". Los nombres son diferentes, más allá de los tubos cuadrados, no se parecen, pero que hacen exactamente lo mismo. Los dos sistemas agarran el "torque box" del carro y detener el cuadro perfectamente cuadrado mientras se realiza la tracción. Tanto las abrazaderas son totalmente ajustables para carros de diferentes tamaños, uno (Wedge Clamp®) es durable y muy fácil de usar, pero las cunas tienden a aflojarse y necesitan revisarse antes y después de cada uso. La abrazadera "Quadra®" tarda un poco más adjuntarse a un vehículo, pero una vez en lugar, permanece firmemente hasta que es liberado.

Después se colocan estas abrazaderas con forma cuadradas, el vehículo es levantado y apoyado por soportes de gato en cada esquina. Las cadenas se unen luego a las esquinas de la abrazadera y las cadenas en el piso llamado "tie downs". "Pulling Posts" portátiles se utilizan con ambos tipos.

Sistemas de medición son difíciles de utilizar con cualquier abrazadera que utiliza barras transversales que cruzan debajo del vehículo.

Por esa razón, por si sola, que un soporte de marco elevado es el preferido para hallar de los vehículos dañados. Para los carros costosos o exóticos, el "Celette®" rack utilizan accesorios dedicados a sostener las medidas del carro, así como ciertos delanteros y traseros.

El plan es alquilar los accesorios por unos días, y establecer el vehículo dañado en cuanto de ellos sean posibles. Hacer jalones o reemplazar los rieles hasta que los puntos de medición en el vehículo reparado coincidan con los accesorios. Es caro pero garantizado, por eso se usa regularmente para la reparación de Ferraris y otras marcas exóticas.

Hay algunos marcos de chasis que tienen desventajas importantes que son mal diseñado o una plataforma muy corta. (No hay nada peor que una torre de tracción que no es ajustable en el ángulo correcto.) La mayoría de los estantes baratos tienen solo uno o dos torres y se construyen específicamente para un precio bajo. Es imposible construir un marco de $35,000 rack por $7000. Pero muchos talleres pequeños compran incluso una rack barato en lugar de utilizar sistemas de piso. Y algunos edificios alquilados no permitan amarres para instalarse en el piso de cemento.

Infinitamente las tracciones más ajustables no son postes del todo. Los sistemas se llaman "Vector Pull®", y es un número de diferentes cilindros hidráulicos, empujando hacia arriba en el centro de una cadena que se une al vehículo dañado en un extremo y en piso de amarre o un estante en el otro extremo. Los sistemas no se ven como lujo como marco de chasis de tamaño completo, pero el "hook-up" multiple capacidad es increíble. Es posible hallar en pulgadas aparte de uno a otro porque no hay torres en la forma.

Otro tipo de rack elevado es un marco de alineación. Platos de balineros abajo de cada llanta permiten ajustes al "camber", "caster" y "toe". Camber es una medida de cómo uniformemente una llanta entra en contacto con la carretera. Caster es el ángulo de un puntal o una rotula de dirección entre un brazo de control superior y inferior (si así está equipado).

"Toe in" o "Toe out" es el término utilizado para describir la condición donde los frentes de un par de llantas de cara o frente uno de otros. (Las especificaciones de fábrica siempre requieren una pequeña cantidad de toe-in en reposo porque la fricción a velocidad obligara a las llantas en posición neutral). Cada bodyman con experiencia es consciente de estas medidas como hace jalones en vehículos severamente dañados. Mediciones de Unibody vienen primero. Una vez que aquellos son correctos, cualquier problema de alineación puede atribuirse a piezas de dirección y/o suspensión dobladas o dañadas.

Hay otras herramientas como un reciclado de freón (134ª de aire acondicionado), un cargador de baterías y talvez un montacargas, que proporciona los propietarios. Lo único que piden los jefes es que cada empleado se familiarice con las piezas del equipo por lo que puede ser utilizado con seguridad.

También hay algunas herramientas pequeñas, pero costosas que un taller puede comprar. Discos "Roloc®" y "Spot Weld Drills" son ejemplos.

Los uniformes son herramientas muy útiles que la mayoría de talleres insiste en que todos los usen. He trabajado en lugares donde sólo la camisa es proporcionada, pero la mayoría de talleres ofrecen los pantalones también. Usted puede pensar que los pantalones vaqueros pueden proteger más, y sería correcto, pero el material de pantalones más ligero de peso proporciona cierta protección al mismo tiempo que permite mayor libertad de movimiento y mucho menos rozaduras. Después de un día caluroso y sudoroso, usted apreciara esas cualidades. La mayoría de talleres no suministra ventiladores o calentadores debido a altas y bajas temperaturas que afectan a las personas de maneras diferentes. Y depende de cada bodyman hacer más cómoda su área de trabajo. A decir verdad, la mayoría están demasiado ocupados para preocuparse de él. Yo trabaje en un taller que tenía un calentador de gas enorme montado cerca del techo en una esquina del edificio. El dueño del taller nunca lo prendía. Cuando se le pregunto sobre ello, dijo que él lo utilizo la primera vez que se instaló, pero desde que se montó tan alto, el calor se disipada antes de que podría alcanzar el nivel del suelo. La iluminación es de mayor importancia. Pedir luces fluorescentes de tipo taller, como caben en las paredes y el techo sobre el área de trabajo. Esperemos que el taller tendrá suficientes conexiones eléctricas accesibles por lo que las luces pueden ser colgados con un mínimo gasto. Uso de un ventilador portátil puede ser inevitable en el verano. Los soportes siempre tienen las patas que se pueda tropezar cada 5 minutos.

Capítulo Seis

Información Sobre El Taller

El espacio en talleres varía de un lugar a otro. Algunos talleres son estrechos y llenos de gente que es imposible determinar dónde termina un puesto y otro comienza. La seguridad es una preocupación principal, así que haga hábito de mirar hacia abajo en el piso al caminar. Porque hay mangueras de aire y cables de extensión tiradas y debe ser consciente al caminar encima de ellos hasta que se convierte en un hábito natural.

Estanterías para almacenaje de piezas es una gran ayuda para una pequeña área de trabajo. Recuerde que todas las partes todavía deben cubrirse con una lona o un plástico transparente de espesor adecuado.

Un marco en el piso es una maravillosa adición, si hay bastante espacio abierto para trabajos más pequeños.

Las paredes laterales de altura son un gran beneficio. La posibilidad de ser golpeado por las cadenas rotas y abrazaderas se reduce grandemente. Paredes laterales altas proporcionan espacio para estantería y una barrera de sonido agradable. El mayor desafío en cualquier taller es el almacenamiento de vidrio y partes interiores. Si estas partes delicadas estan en cualquier lugar cerca de la zona de trabajo, cubrirlos con un montón de lonas.

Idealmente, un espacio de trabajo seria 24 pies cuadrados con una puerta de garaje exterior. He trabajado en grandes edificios con puertas en las cuatro esquinas y no puedo decir que funciona bien. Había demasiadas cosas sucediendo que estaban en el camino de cualquiera que intentaba mover un carro hacia fuera. Las constantes solicitudes de otros para moverse fuera del camino, me costó una cantidad considerable de tiempo y dinero.

El departamento de piezas debe ser razonablemente a cortos pasos. Algo más de 50 pasos se hace muy viejo muy rápido. Lo mismo ocurre con el baño aunque eso no es tan molesto.

El suelo ideal sería alta resistencia de cemento acabado hasta que se hace liso. Líquidos derramados deben ser atendidos rápidamente, pero suelos lisos trabajan con usted, no contra usted.

Pisos ásperos y agrietados causan problemas para gabinetes de herramienta, carros y sillas de rodillos.

Mientras que en el tema de los pisos, no se defraudara si no hay ningún drenaje de piso. Aceite anticongelante y goteo no puede entrar de todas formas en el sistema de alcantarillado. Recoger los líquidos con ese producto seco, que es similar a la litera del gatito y viene en un tambo de 55 galones. Comprar un cepillo con cerdas para polvo fino y una anchura de unos 18 pulgadas por lo menos.

Capítulo Siete

Su Carrera Nueva

Aquí estamos en el final de nuestro libro y el comienzo de su nueva carrera. Espero que hayas podido recoger algunos de los nombres ingleses de las piezas y herramientas que usted va a trabajar con. Seguir estudiando unas palabras nuevas cada semana y práctica a hablar su nuevo idioma a menudo. La razón por que la mayoría de las personas no aprenden un nuevo idioma es el miedo al ridículo. Es un mito. Un jefe, un profesor, o un compañero de trabajo apreciaran cada intento que haga para comunicarse correctamente. Personas ambiciosas nunca dejan un obstáculo menor como este en el camino. Buena suerte a usted aprenda las habilidades necesarias que no se puede encontrar en un libro. Llevar el carro familiar a un taller para un estimado. Entonces estudiar los trámites para obtener un entendimiento de cómo funciona un taller. Buscar una defensa vieja dañada y enderezarla. Utilice bloques de madera de diferentes formas, envueltos con papel de lija para hacer contornos diferentes. Aprenda correctamente hacer un borde de pluma (feather edge) acerca a tu trabajo. Empezar a construir una fuente de las herramientas necesarias y continuar su educación en un taller o un colegio comunitario o en una escuela de comercio. En el tiempo y con suficiente determinación, subirá su nivel de habilidad donde la gente buscara sus servicios y entonces estarás en el camino en una carrera nueva. Buena suerte en tus emprendimientos!

www.ingramcontent.com/pod-product-compliance
Lightning Source LLC
Chambersburg PA
CBHW060409190526
45169CB00002B/822